Waarde in the Wind:

Hoe Maak je een Windmolenpark te Bouwen met Behulp van Skystream en 442SR Windturbines voor Thuis Power Energy Net-Metering en Verkopen van Elektriciteit Terug aan het Net

door Christopher Kinkaid

I0476071

Solardyne.com

Published by Solardyne, LLC
Portland, Oregon

ISBN-13: 978-1500783457
ISBN-10: 1500783455

Inhoudsopgave

Inleiding

De kracht van de wind is enorm. Maak gebruik van deze ongelooflijke energievoorziening, met behulp van state of the art windturbines om elektriciteit te genereren voor de verkoop aan het Grid. Windenergie, wereldwijd, heeft de snelst groeiende geïnstalleerde schone energie stroomvoorziening geweest. Nu kunt u Oogst je Wind Energy for Profit.

Hoe kun je dit goud te oogsten? Hoe kun je Cash in the Wind?

Dit Book beschrijft hoe maak je een Wind Farm, met behulp van Skystream en 442SR Windturbines, om "mijn" windenergie op uw eigendom veilig, deskundig en winstgevend. De windindustrie is "geëvolueerd" in de afgelopen 30 jaar, en heeft zich ontpopt als een wereld-klasse industrie, met een opmerkelijke groei. Wind Turbine Hardware heeft gerijpt met de industrie betrouwbaarheid, veiligheid en een lange levensduur in het veld.

Grote nutsbedrijven en onafhankelijke energieproducenten, hebben aangeboord in grote windparken met Megawatt vermogen. Dit Book is geschreven om te helpen bij het Small Wind Farms, geschikt is voor uw huis, boerderij, Zaken, Handel en behoefte aan macht van 500 tot 20.000 kWh per maand.

Wind Farms, historisch gezien, is alleen het rijk van de grote onafhankelijke energieproducenten. Nu, met hedendaagse apparatuur van hoge kwaliteit, Wind Turbines zijn beschikbaar voor iedereen met een elektrische factuur, en een geschikte windaanbod.

Dit Book dekt Kleine Wind Farms voor residentiële, commerciële en licht industriële verbruikers, of onafhankelijke energieproducenten. Wind Farms besproken in dit Book variëren van maandelijkse productie van energie van 500 tot 20.000 Kilowatt-uur.

Over het boek

Dit Book is geschreven als een stap-voor-stap handleiding voor het bepalen van uw Wind Farm "vitale statistieken," en het kiezen van de juiste apparatuur om de klus te klaren. Als u een specifieke vermogen, of KWH Energie waardering in gedachten voor uw Wind Farm, dan zien Wind Farm System Voorbeelden gelegen aan de Quick Guide in hoofdstuk negen.

De **Quick Guide** bevat aanklikbare links die u naar specifieke Wind Farm lay-outs ontworpen om specifieke energie Maandelijkse uitgangen genereren. Controleer uw Electric Bill en vind uw Energie kWh verbruik per maand. De Quick Guide bevat ook links naar Wind Farms systemen per Nominaal vermogen, gebruikt voor korting Berekeningen.

Stem uw maandelijkse kWh verbruik met het systeem op de lijst die het meest overeenkomt met uw lading. Als u het bouwen van een nieuwe Wind Power systeem om elektriciteit te produceren onder een Power Purchase Agreement, kies uw systeem door de dichtstbijzijnde Maandelijks kWh class je wilt produceren. Wind Energy Systems variëren van 500 kWh tot 20.000 kWh energie output per maand.

In **hoofdstuk 1** , kijkt naar Wind Power in het grote geheel, met een overzicht van het naderen van een Windenergie opwekkingsfaciliteit. Kijkt naar de

Power in the Wind, en hoe Wind Resources zijn gecategoriseerd.

Hoofdstuk 2 beschrijft hoe u uw Wind Power Facility project definiëren.

Hoofdstuk 3 , de Skystream 3.7 Wind Turbine voor thuisgebruik Power Grid Tie gebruik.

Hoofdstuk 4 , recensies verschillende Skystream 3.7 Configuraties voor maandelijkse energieproductie van 500 tot 2500 kWh per maand.

Hoofdstuk 5 , kijkt naar het grotere 442SR windturbine een vermogen van 10.000 watt voor gebruik in windparken.

Hoofdstuk 6 , beoordelingen Windenergie systeem voorbeelden voor meerdere 442SR windturbines van 2.500 tot 20.000 kWh maandelijkse productie van energie.

Hoofdstuk 7 , Installeren uw Wind Farm onderzoekt de problematiek van de gekozen locaties, Bouwrijp maken, Foundation, en de Toren aspecten van uw Wind Project.

Hoofdstuk 8 , Kansen in Wind Farms beoordelingen Net-Metering, en Power Purchase Agreement projecten

Hoofdstuk 9 , Quick Guide to Wind Energy Systems van 500 tot 20.000 kWh Maandelijkse energieproductie.

Over de Auteur

Christopher Kinkaid

Christopher (Toby) Kinkaid, oorspronkelijk uit Portland, Oregon is de oprichter van **Solardyne.com**, **SolarQuote.com** en **AlgaeToday.com**, en heeft gewerkt in schone energie-technologie voor meer dan drie decennia.

Kinkaid, is de uitvinder van de **"Helyx"** Vertical Axis Wind Generator, de **"Mariposa"** Non-imaging solar concentrator PV-module (continue werking bij Sandia National Laboratory sinds 1994), de Solar Demultiplexer optische zonne concentreren lens (Dr. James / Sandia National Laboratory 1991), en de uitvinder van de originele **"Solar Power Pack"** (Mother Earth News, **"Littlest Utility"** juni / juli 2001). Kinkaid, heeft een officiële docent en presentator op schone energietechnologie wereldwijd, waaronder APEC, Bangkok, Thailand, 2003, "Energy Solutions World" Tokyo, Japan, 2003, De Internationale Biomassa Conferentie (IBC), 2010,

Minneapolis, MN geweest , en de biomassa van de algen Organisatie (ABO) Conference 2010, Phoenix, AZ.

Kinkaid, is verschenen in interviews over KOIN TV, GFT-TV, en "Duurzaam Vandaag" geproduceerd in Oregon. Kinkaid, was lid van de raad van bestuur van de Nationale Waterstof Vereniging, in Washington DC, 1993, en de Japan Satellite Communications Company (JCNET), Fukuoka, Japan, 1994-1995. Kinkaid, geserveerd op de raad van bestuur voor Algaedyne Corporation, Preston, MN, 2010-2013. Kinkaid, momenteel dient als CEO van Solardyne, LLC in Portland, Oregon.

Christopher Kinkaid is gebaseerd op de West Coast, en blijft zijn werk in zon, wind en biomassa-toepassingen, onderzoek en ontwikkeling in Portland, Oregon.

Introductie

Er is een fortuin in de wind in uw land waait. Als Gold vlogen door de lucht, zou je bereiken en schep wat op? Windenergie, is een andere vorm van goud, en moderne windturbines geven u een effectieve manier van het produceren van energie op uw land, voor de verkoop aan uw Utility.

Windturbines, zet uw Wind in contant geld door het omzetten van fysieke kracht in elektriciteit voor de export naar uw Grid. Dit Book omvat twee modellen van windturbines ontworpen voor de residentiële en commerciële markten. Windturbines kunnen worden gebruikt, enkelvoudig of gecombineerd in een "mini" Wind Farms tot energieproductie te verhogen.

Dit Book heeft betrekking op de essentiële elementen van een windmolenpark met behulp van de Skystream en 442SR Windturbines, dan suggereert sommige systeemconfiguraties voor verschillende Power, en energie-uitgangen.

Windenergie en Menselijke activiteiten gaan weg terug. Enkele van de vroegste "industrialisatie" waren oude verticale as windturbines gevormd op verticale palen, met traversen "zwemvliezen" met gestrekte huiden. Ondiepe verticale gaten in de grond, klei potten op de bodem, dienden als "hubs" en gaven een grote natuurlijke lager.

Zoals de wind blies, de Contoured uitgerekt huiden ving de wind, en zou draaien. Neolithische mens goot graan beneden de gaten in de potten begraven, en het draaien van de as zou het graan te malen. Bewijs van deze technieken dateren uit de Neolithische Turkije en China.

Verbazingwekkend, waar "winden" werden heersende, de neolithische culturen zou "muren" die "shelter" de up-wind zijde van de verticale turbine te bouwen. "Blokkeren" de wind op de kant Up-stroom, verbeterde prestaties, en de kracht om het graan te malen.

Moving winden, zoals het verplaatsen van water, waren verrassend effectief als een voeding in de oudheid. Fast forward, vroeg "Nederlandse" windmolens, waar de verticale as werden vervangen door horizontale as architectuur, en de macht weer toe. Deze enorme wind machines, met wieken vangen van de wind draaien assen "horizontale" naar de grond, produceerde enorme koppel.

De enorme kracht van de wind, gevangen, en omgezet met deze graanmolens werden gemaakt van steen, werden gemakkelijk gedraaid door de enorme koppels geproduceerd met schoepen stretching tientallen meter van de centrale hub.

Windenergie, voor een effectief commercieel gebruik, dateert van vóór het industriële tijdperk, met megawatt aan geïnstalleerde capaciteit in

Europa vóór de Middeleeuwen. Een indrukwekkende prestatie, en een verklaring voor de 'uitvoerbaarheid' van windenergie. Vandaag, moderne windturbines staan op tientallen jaren van verbeteringen, en hebben bereikt een betrouwbaar, veilig state-of-the-art te bedienen, en productief in het veld.

Chapter One - Wind Power de Big Picture

In dit book, we breken de vragen die je nodig hebt om te vragen om uw systeem eisen leidt tot een windmolenpark oplossing te definiëren. Laten we eens een kijkje nemen op de aard van de Wind, en hoe het effect van de productie van elektriciteit.

De wind is een krachtige en gevarieerde natuurlijke hulpbron. Windgeneratoren werken anders dan "normale" generatoren je macht met brandstof. Een diesel generator set (Genset), bijvoorbeeld, verbrandt brandstof om de generator draaien op een bepaalde uitgang, voor een bepaalde tijdsduur (beperkt door de grootte van uw tank), om uw lading te drijven.

De dieselgenerator levert deze betrouwbaarheid, maar heeft natuurlijk brandstof-kosten, evenals Capital, en mechanische kosten. Gensets nodig planmatig onderhoud, en meestal moet worden vervangen om de 5 jaar, afhankelijk van gebruikte uren.

De windturbine heeft geen brandstof kosten. Robuust en lang geleefd met de geplande onderhoud uw windturbine is ontworpen voor 20 jaar levensduur.

Windturbines, hebben deze voordelen, maar anders dan "normale" brandstoffen gebaseerde generatoren werken. Een windturbine moet omgaan met een voortdurend veranderende bron, onder steeds wisselende omstandigheden.

De wind veranderingen in snelheid, richting, en turbulentie vele keren per seconde. De fysieke belasting van windgeneratoren zijn enorm, niet alleen voor de kracht van de wind, maar hoe snel die krachten te veranderen.

Windturbines, zijn ontworpen om te functioneren in de echte wereld. De wereld van de vele wisselende krachten, spanningen en extreme terwijl het opwekken van elektriciteit met efficiëntie.

Windturbines verduren temperatuurschommelingen, hoge snelheid deeltjes in de lucht, chemische corrosieve chemicaliën, zout water, en tal van andere "milieu" omstandigheden waaronder trillingen, bliksem, en vandalisme. Verder moet een moderne windturbine gaan met de brute kracht van de wind, vast te leggen, en om te zetten die krachten in draaimoment om de generator te rijden.

Windturbines zijn ontworpen en robuust te maken met de sterke krachten van de wind maakte. Een goudmijn als je het kan vangen, converteren, en verkopen.

De Power in the Wind

De kracht in de wind is een geweldige kracht over de hele aarde. De wind is een vloeistof. Fluid-dynamics definieert de studie van vloeistoffen, voor windturbines het veld is aerodynamica. s een speciaal geval van vloeistof-dynamica, bewegende lucht, (wind), aerodynamica volgen dezelfde physics.

De kracht in een bewegend fluïdum een functie van de dichtheid, beschouwd doorsnedeoppervlak, en "de kubus" van de snelheid. De formule voor kracht in een bewegend fluïdum $P = 1/2$ (dichtheid van het fluïdum) tijd (Doorsnede betrokken gebied) maal de snelheid Cubed.

Als u het dubbele van de windsnelheid, neemt het vermogen toe 8 Klap! (2 blokjes). Bewegende vloeistoffen hebben 800% meer vermogen bij het twee keer zo snel. Ongelooflijk.

Tornado's, en de orkaan wind kan gebouwen te vernietigen in een paar seconden, als macht "exponentieel" toeneemt met de windsnelheid. De macht in de wind is een ongelooflijke bron - en degene die je tikt, en Harvest, met uw Windturbines. Juiste hardware keuzes, met de juiste installatie en onderhoud is de sleutel.

Bewegende vloeistoffen, water en wind, toename van de macht "exponentieel" op een extreme manier wanneer sneller bewegen met de Cube Rule. De macht in de wind toeneemt 64 voudige van 7 mph naar 28 mph. Wind Zone One vermogensdichtheid is 200 Watt per vierkante meter. Wind Zone Zeven heeft een vermogensdichtheid van 2,000 watt per vierkante meter. (Zie Wind Zones, hieronder).

Uw site windaanbod

Windturbines zetten de fysieke kracht van de wind in harde valuta: kWh energie. Energy heeft overal industriële waarde. Het produceren van energie voor de export voor harde valuta inkomen gaat naar de economische prestaties van de windmolen zichzelf.

De "Wind Resource" wordt gekwantificeerd door het toewijzen van elke plek op aarde een "gemiddelde windsnelheid" in Wind Zones.

De "bron" van de wind wordt gedefinieerd, met name wat het is vermogensdichtheid (Watt per vierkante meter), en is "Gecategoriseerd" in zeven (7) Wind Zones.

Zone One (I) is het laagste vermogen Wind Zone. Zone 7, (VII) is de hoogste Wind Zone, en heeft de hoogste gemiddelde windsnelheden, en dus macht.

Uw potentiële Windpark site zal een hebben **Wind Zone Nummer** een tot zeven (Zone I-VII) toegewezen. Vind uw Wind Zone op de Wind Map voor uw site. Controleren Maps Wind, zal uw locaties "Wind Zone" en resource vertellen. Gegevens die gewoonlijk worden verzameld op 80 meter hoogte.

Propeller gebaseerd Windturbines werken het best in Wind Zone 2, (zone II), en hoger.

Wind Zone's worden bepaald door de gemiddelde "vermogensdichtheid" binnen een bepaalde windsnelheid.

Wind Zone One (I) gemiddelde vermogensdichtheid 200 watts/m2

Wind Zone Twee (II) gemiddelde vermogensdichtheid 300 watts/m2

Wind Zone drie (III) gemiddelde vermogensdichtheid 400 watts/m2

Wind Zone Vier (IV) gemiddelde vermogensdichtheid 500 watts/m2

Wind Zone Five (V) gemiddelde vermogensdichtheid 600 watts/m2

Wind Zone Six (VI) gemiddelde vermogensdichtheid 800 watts/m2

Wind Zone Zeven (VII) gemiddelde vermogensdichtheid 2000 watts/m2

Wind Zones vermogensdichtheid gaat van 200 tot 2000 watt van 4,4 m / s tot 9,4 m / s, als de "Cube" regel schrijft "exponentieel" macht te krijgen als de windsnelheid toeneemt.

Wind zones worden gedefinieerd door de gemiddelde windsnelheid:

Wind Zone One (I) gemiddelde windsnelheid 0-4,4 m / s

Wind Zone Twee (II) gemiddelde windsnelheid 4,4-5,1 m / s

Wind Zone drie (III) gemiddelde windsnelheid 5,1-5,6 m / s

Wind Zone Vier (IV) gemiddelde windsnelheid 5,6-6 m / s

Wind Zone Five (V) gemiddelde windsnelheid 6-6,4 m / s

Wind Zone Six (VI) gemiddelde windsnelheid 6,4-7 m / s

Wind Zone Zeven (VII) gemiddelde windsnelheid 7-9,4 m / s

Elke locatie heeft een bijzondere "micro-klimaat" omstandigheden. Obstakels, Gebouwen, hoger gelegen gebieden, bomen en gebladerte alle gevolgen windsnelheden. U wilt de hoogste locatie voor uw wind website, en idealiter, boven het omringende land, of obstakels voor een straal van 250 meter.

Uw voorgestelde Wind Site "windaanbod" is een functie van Wind Zone en Tower Hoogte.

Elektrische Definitie van uw Wind Farm.

Alle windturbines, van een enkele tot meerdere eenheden in een windmolenpark zijn allemaal elektrisch gedefinieerd. Het bouwen van een windmolenpark begint met het definiëren van uw systeem van een "Electrical" oogpunt. Hoeveel energie per maand wil je produceren? Dit is echt de belangrijkste vraag. Vanuit uw "Energie" doel zal komen alle andere details.

In de planning van uw Wind Farm, laten we beginnen bij het begin: Hoeveel energie wilt u elke maand te produceren?

Als je een huiseigenaar kunt u kijken op uw elektrische factuur voor uw maandelijkse vraag naar energie in kWh per maand. De vraag naar energie, zou de basis voor het ontwerpen van uw Net-Metering windenergie systeem.

Uw "interconnectie" met het elektriciteitsnet bepaalt welk model van Wind Turbine je kiest. Als u gebruik maakt van de Enige Fase 120 VAC bij uw site, dan ben je model zal worden afgestemd op 120 VAC/60Hz. Als u gebruikmaakt van 3 Phase macht, voor compressoren, koelkasten, enz, dan moet uw Wind Turbine Model worden gekoppeld aan een 3 fase uitgang. Uw Utility zal u vertellen wat Elektrotechniek Services uw site gebruikt, als deze informatie niet beschikbaar is.

Site Selection

De kracht in je wind, op uw locatie, hangt af van de fysieke lay-out van uw geografie. Windenergie toeneemt met de snelheid, snelheid toeneemt met de hoogte. Windturbine Towers, zijn een belangrijke overweging. Hoe hoger de toren, hoe sneller de windsnelheid. Snellere windsnelheden genereren hogere elektriciteitsproductie.

Kies uw site om vrij van obstakels die vertragen de wind, en veroorzaakt turbulentie. Kies uw site met de juiste toegang voor pick-up trucks, in een schuine stand up toren, of kranen, voor een gestapelde toren.

Kies uw site te "sluiten" om uw elektrische interconnectie met het grid. Dit kan een Junction Box, Power Box, Transformer, of andere elektrische interface met uw site. Kies uw site zodanig dat je "Set Back" is aangewezen. Set Terug is de afstand van uw Wind Tower Base om uw eigendom lijn.

Onderzoek uw bodemtype, te helpen bepalen van de juiste basis specs. Uw Wind fabrikant zal deze gegevens.

Toegang tot de site

Het kiezen van uw site moet toegang overwegen. Lijkt vanzelfsprekend, maar vereist beoordeling. De Skystream 3.7 en Xzeres 442 windturbines, besproken in dit boek, die kan worden geïnstalleerd met een pick-up truck apparatuur en kranen, afhankelijk van uw keuze Tower. Toegang tot de site is niet alleen een constructie, maar ook een onderhoud en inspectie overweging.

Wildlife en Avian toegang Impact. Mensen, zijn niet de enige levensvormen betrokken bij energiecentrales. Alle centrales hebben gevolgen. Windturbines vormen een gevaar voor de "prooi" vogels. Site jouw windturbines aan alle bekende trekroutes, of in de buurt van beschermde gebieden te voorkomen.

Als uw wind site is op Federal Lands, wanneer je onderhandelt uw "erfdienstbaarheid," of "variantie" je nodig hebt om te controleren met de BLM inzake de toegang van de weg het toelaat.

Hardware Selection

Energie productie is de sleutel tot Wind Farm maatvoering. Zodra u de maandelijkse Energieproductie doel besluiten, de volgende overweging is uw Site Selection. Uw site selectie zal uw "Wind Resource." Bepalen Zodra u weet dat uw energie doel, bijvoorbeeld een huiseigenaar met 700 kWh per maand verbruik, kunt u uw Wind Hardware Grootte bepalen.

Windturbines worden gekeurd in zowel Vermogen, meestal bij 25 mph windsnelheid, met Energy Ratings afhankelijk **Wind Zone**, (Link naar NREL windenergie atlas) en Hoogte van de Tower.

Eens, je Energieproductie doelgroep weet je contact opnemen met de fabrikant om de Wind Energy Output van een bepaalde windturbine, voor een gegeven Toren hoogte, voor een bepaalde Wind Zone locatie te bevestigen. De Quick Guide in dit boek is een gemakkelijke manier om een schatting van de Windturbines je nodig voor gegeven, algemeen, output.

Windturbinemasten

Toren keuzes zijn erg belangrijk voor Wind Farm prestaties, en economie. Hogere torens hebben hogere kosten. Echter, de prestaties neemt toe, omdat de hoogte loopt de Wind Turbine aan hogere gemiddelde windsnelheden - produceert meer energie in de tijd.

Torens moeten vooraf worden ontworpen. Produceert must ontwerp torens voor grote mechanische, trillings-, chemische, en abrupte spanningen. Professionele Tower engineering is van vitaal belang voor de veiligheid en een lange levensduur van uw Wind Farm.

Torens zijn ontworpen voor specifieke windturbines modellen, specifieke Tower Heights, en specifieke bodem-soorten, op uw Wind Site.

Torens, voor een gegeven Wind Turbine, zijn ofwel Lattice-type, of Monopole-type. Elk type vereist de constructie en montage ter plaatse. Beide typen kunnen zowel Tilt-up, of Crane "gestapeld" op uw Foundation Base Plate.

Chapter Two - Het definiëren van uw Wind Farm

Moderne windturbines te tikken in uw windenergie gemakkelijk, en ondersteund. De focus van dit eBook is op Wind Farms je kunt bouwen met behulp van de Skystream 3.7 en Xzeres 442 Model windturbines. Windturbines kunnen worden geconfigureerd om de batterij systemen te laden, of om rechtstreeks elektriciteit aan het net.

Dit Book zal zich richten op Grid-tie Wind Farms. Grid-Tie windparken om elektriciteit terug te verkopen aan uw energierekening.

Er zijn twee manieren om elektriciteit om uw Utility verkopen. Netto-metering, of Power Purchase Agreements (PPA). Salderen is een benadering, maar moet worden goedgekeurd door uw Utility, met een netto-metering-beleid op zijn plaats. De andere optie? Word onze Independent Power Producer (IPP), en benaderen uw energierekening te verzoeken een Power Purchase Agreement (PPA) onderhandelen.

Utilities routinematig gebruik van PPA om contract met onafhankelijke energieproducenten IPP. Utilities bron "Energie" van verschillende aanbieders. Deze IPP kan aangedreven worden door kolen, olie, aardgas, zonne-energie, waterkracht en wind.

Nutsbedrijven, in de moderne tijd, bezitten minder van hun eigen generatoren en "contract" voor IPP om stroom te leveren aan hun netwerk. Dit is uw kans om wind geproduceerde elektriciteit verkopen aan uw Utility.

Netto-metering is een federaal beschermde recht onder de PURPA (Wet Openbaar Nut Resource Policy). Moet echter alleen nutsbedrijven eigendom van de overheid (POU) voldoen. Investor nutsbedrijven (IOU) zijn niet verplicht om te voldoen, hoewel hebben meestal een soort van wind schakelprogramma. U moet contact opnemen met uw Utility, en vragen of ze ondersteunen "Net-metering" met windturbines. Utilities is een vooraf goedgekeurde lijst van fabrikanten te hebben, en Wind Turbine Models.

De windturbines in dit eBook worden vermeld zijn UL-geregistreerd en bekend bij de meeste nutsbedrijven, en zijn op de meeste gekwalificeerde apparatuur lijsten.

Netto-meting kunt u de elektriciteit terug aan het net zetten van uw windturbine tegen uw factuur. Er zijn geen batterijen betrokken. Als de wind waait sneller dan 7 mph, dan is uw windturbines zal kick-in, en beginnen om elektriciteit, die "export" van uw elektriciteit aan het net. Windturbines voor Net-Metering zijn best groot, net onder je Maandelijks kWh vraag.

Windenergie, met Net meting, zal je "vol" retail waarde te geven voor uw kWh windenergie geproduceerd. Echter, sommige nutsbedrijven, gebruik dan een Time afhankelijk meter. In dit geval zal het hulpprogramma dat u verschillende prijzen voor uw windenergie te geven, afhankelijk van het tijdstip van de dag de energie wordt geproduceerd. Geproduceerde energie tijdens de piekuren, 10:00-18:00, of hoe uw energierekening definieert piek, zijn meer dan energie geproduceerd tijdens daluren, zoals 's nachts de moeite waard.

De meeste nutsbedrijven zijn niet tijdgebonden met Net-Metering betreffende "Tijd van de dag." Net-Metering wordt meestal opgesteld aan het einde van de maand. Uw Wind Power elektriciteit "productie" in kWh, wordt afgetrokken van uw energie "Demand." U betaalt alleen voor de netto verschil, dit is de essentie van Net-Metering.

Als uw windturbines elektriciteit produceren, is de "slimme" inverter toezicht op de Grid Electricity power factor, en overbrugt de spanning-stroom tussen de windturbine en elektriciteitsnet. Met "leidende" de arbeidsfactor een relatief "kleine" hoeveelheid stroom kan worden toegevoegd aan het raster. Als een generator "loopt" het elektriciteitsnet factor, dan wordt het een last, en de "generator" wordt een "motor."

Moderne windturbines beschikken over geavanceerde "power conditioning" protocollen die efficiënt "push" uw windturbine geproduceerde elektriciteit terug aan het net. Hierdoor wordt uw "Elektrische Meter" achteruit, als zodanig. Aan het einde van de maand, onder Net-Metering, het totale bedrag van de kWh die u produceert wordt afgetrokken van de totale hoeveelheid kWh je verbruikt. U betaalt alleen het nut van de 'netto' verschil tussen de twee.

Smart Electric Meters zijn ofwel functie "Dual" met twee meter, een voor energie, de andere energie uit. Het andere type van slimme meters "bi-directionele" waardoor meting in real time met een meter.

Opmerking: Utilities kunt u retail waarde voor uw windturbine opgewekte elektriciteit aanbieden, maar als je meer energie produceren dan je verbruikt, nutsvoorzieningen betaalt alleen de. Vermeden Kosten" Vermeden kosten, kan een "zeer lage" prijs, zoals zijn 1,5 cent / kWh voor je energie, dus zorg ervoor om te controleren.

Om de hoogste waarde voor uw windenergie, voor Net-Metering, de grootte van je wind faciliteit uitgang (energielabel) gewoon (minder dan) uw maandelijkse energieverbruik te krijgen.

Dit verzekert u van de hoogste monetaire waarde (retail) voor uw windenergie. Gebruik de volgende stappen om uw voorgenomen Wind Farm definiëren:

Stap Een: Hoeveel energie heb ik nodig om te produceren elke maand?

Laten we het voorbeeld nemen van een huiseigenaar. Kijk naar uw elektrische factuur en vind uw Total kWh verbruik per maand. Laten we zeggen dat het 700 kWhs (kilowatt-uur) per maand. Als uw systeem is een Grid tie Net-meetsysteem

Stap Twee: Wat is mijn windaanbod op mijn voorgestelde locatie?

Uw windaanbod is hoeveel "goud" je hebt vliegen in uw land elke maand.

Het windaanbod op uw Windpark site vertelt u hoeveel wind u kunt tikken. Er zijn twee delen aan uw Wind Resource vastberadenheid. Ten eerste, de algemene Wind Zone Rating van uw locatie. Ten tweede, de "relatieve" windaanbod, zoals beïnvloed door lokale omstandigheden (obstakels), en op welke hoogte de windsnelheid wordt gemeten.

Wind reist sneller algemeen hoe hoger de hoogte. Grond effecten, zoals gebouwen, bomen, stijgt, depressies, over het algemeen, het afremmen van de wind. U wilt dat uw Windturbines zo hoog mogelijk om hogere windsnelheden tik.

Windsnelheden zijn meestal bemonsterd op twee hoogtes: 20 meter en 80 meter. Grote windturbine-projecten, met behulp van de Large Megawatt klasse Vestas windturbines, met een zeer hoge torens, zal de windsnelheid monsters nemen op 80 meter hoogte.

Kleinere windturbines, minder dan 100.000 watt, (de windturbines hierin beschreven), meestal gebruik van de 20 meter meting.

Windmeters meten windsnelheid. Handheld, of geplaatst op uw toren, of een steekproef toren zal u "momentele" windsnelheid waarden geven voor nauwkeurige datum, heb je een lange sampling rate nodig. Professionals proeven voor maanden en zelfs jaren in sommige gevallen, maar voor onze doeleinden, hebben fabrikanten al deze tests uit te voeren.

Eens, kiest u de Wind Turbine, of Turbines voor uw project, en de hoogte van de torens, kan de fabrikant u goede Energieproductie schattingen geven.

Stap Drie: Heeft mijn site geef me de beste Wind Access?

Een vuistregel volgt dat uw Tower hoogte wordt beperkt door wat het raakt als het naar beneden valt. Een primitieve regel, maar zeer effectief. Set-back, is de afstand van uw Wind Turbine Tower basis om uw eigendom lijn.

Zorg ervoor dat de site uw Turbines, idealiter, op een "set-back" zo hoog als je Wind Turbine Tower.

Kies uw Wind Turbine site als de hoogste verhoging. De Wind Turbine moet minstens 25 meter boven een hindernis binnen 250 meter van uw turbine.

Opmerking: Home Turbines worden soms beperkt door de code, of voorschriften ter aanmoediging, om binnen 100 meter van uw Junction Box.

Als je niet beperkt bent door code, bepaal uw Wind Turbine 100-200 meter van uw huis.

Vaak zijn landelijke gebieden niet beperkt door de 100 voet conventie.

Stap Vier: Heeft mijn Utility Ondersteuning Net-Metering, of PPA?

Hoe je elektriciteit verkopen aan uw nut hangt af van hun Net Metering en Power Purchase Agreement (PPA) protocollen. Als je een huis, of ondernemer, met een bestaande bent "Electric Bill," u zult uw Utilities Net-Metering programma te gebruiken. Netto-meting zult u de "hoogste" waarde (eurocent / kWh) geven voor uw wind geproduceerde elektriciteit.

Als je van plan een Wind Energy energiecentrale om elektriciteit te verkopen die je nodig hebt om een Power Purchase Agreement als een Independent Power Producer (IPP) te onderhandelen.

Stap Vijf: Wat zijn Regulatory Affairs?

"Regulatory Affairs" omgaan met alle aspecten van uw Wind project. Alle fysieke gevolgen van uw Wind Farm faciliteit, en alle "rapportage" je moet genereren om te voldoen aan het toelaat is opgenomen in Regulatory Affairs. In het algemeen zou een voorlopig document dat je wind project beschrijft onder andere een "Impact Study."

Uw Wind Facility beschrijving, in geschreven vorm, kan hier twee documenten volgen. Deze twee documenten zijn uw site Plan, en uw Impact Study.

Uw site plan is een beschrijving van uw Wind project van begin tot eind. Beschrijf uw Site Location's windaanbod, de elektrische energie, de Windturbines je hebt gekozen om te installeren, en provisie, en uw installatie schema met taken.

Uw Impact Study, indien nodig, zal Air Impacts, bodemeffecten, Water Impacts, Wildlife Impacts (Avian Impacts), Antropologisch en paleontologisch effecten.

Het goede nieuws, is De meeste van deze effecten zijn minimaal voor kleinere windturbines, en een uitgebreide up schrijven is, vaak niet nodig. Regulatory Affairs is een onderwerp waar je zult gebruiken, als je verplicht bent om projectdocumentatie produceren. Uw Utility of State Energy kantoor zal formuleren die u kunt gebruiken om deze eis te voldoen als uw Wind Project is een netto-meting faciliteit.

Als je gaat om een windmolenpark te bouwen waar alleen energie exporteren naar een rooster, met behulp van een Power Purchase Agreement (PPA), dan regulatory affairs zal strenger zijn met papierwerk met betrekking tot uw site Plan, en uw Impact Study documenten.

De eerste stap is contact opnemen met uw Utility. Vragen of ze ondersteunen Net-Metering, en zo ja, om u naar hun beleid pagina. Uw Electric Service Provider zal een programma dat beheert Grid Interconnectie uit hernieuwbare bronnen hebben, dit omvat fotovoltaïsche zonnecellen en windturbines, zoals de Skystream en 442SR.

Stap Zes: Heeft mijn Wind Farm Kwaliteit voor kortingen, belastingvoordelen, subsidies en incentives?

Het grote voordeel van het bouwen van je eigen windmolenpark is productie van schone energie en de financiële prikkels voor u beschikbaar - de eigenaar.

Windturbines zijn niet goedkoop. Je krijgt wat je betaalt voor 'met windturbines.

De reden? De echte wereld is erg zwaar voor Wind Turbine hardware. Elk seizoen heeft zijn eigen regime van temperatuur en fysieke spanningen en uitdagingen voor hardware in het veld. Techniek moet zeer robuust zijn.

De Windturbines hierin beschreven zijn in de praktijk bewezen, UL-geregistreerd, en al ingeschreven bij Qualified Equipment Lists in het hele land voor kortingen, en financiële prikkels.

Elke staat en elke Utility zullen hun eigen korting, subsidie, en incentive programma. Federaal, uw wind website in aanmerking komt voor een 35% belastingkrediet. De USDA heeft een 25% korting, zodra uw windturbine is geïnstalleerd, afhankelijk van of uw site is in een landelijke zone. Zie Chapter

Eight voor extra discussie over kortingen, belastingvoordelen, subsidies, en Incentives.

Stap Zeven: Stel uw Wind Power System

We hebben overwogen aspecten van uw Wind Farm project, niet laten we definiëren Specifieke Hardware. De "Power" rating van uw windturbine, of het aantal windturbines, afhankelijk van uw locaties Wind Zone, en in het bijzonder, de hoogte van de windsnelheid meten.

Om uw specifieke Wind Turbine Kies, of Wind Turbines, om een bepaalde maandelijkse productie van energie die je nodig hebt om uw locaties Wind Zone weten te bereiken, en de Tower Hoogte. Uit deze informatie kan de fabrikant van uw energie productie te berekenen voor een bepaalde macht Beoordeeld Wind Turbine.

In eenvoudige termen, als je eenmaal besluit het algemene type, of model van uw Wind Turbine, contact opnemen met de fabrikant van uw locatie de Wind Zone, en voorgesteld Tower Hoogte. Fabrikanten hebben geavanceerde software met Wind Turbine Testing gegevens om u een nauwkeurige Maandelijkse energie Elektriciteitsproductie geven. Contact opnemen met de fabrikant lijkt misschien een extra stap, maar het is de beste manier om de meest accurate informatie te krijgen.

Als u weet dat de energie je wilt produceren, of het vermogen van de windturbines die u wilt gebruiken, raadpleegt u de **Quick Guide** voor System voorbeelden.

Hoofdstuk Drie: Skystream 3.7 Wind Turbine voor Netaansluiting en Verkoop van Elektriciteit

De Skystream 3.7 is een windturbine ontworpen voor thuisgebruik, en commerciële toepassingen. De Skystream kan worden gebruikt als een enkele windturbine, of "gebundelde" in een mini Wind Farm. De limiet aan hoeveel u kunt aansluiten op de Grid zal afhangen van uw elektrische service.

De kracht van de Skystream, als voor alle windturbines, afhankelijk van de Wind beschouwd. De "kracht" rating van een windturbine is nuttige informatie, maar de "Energie" rating is wat telt.

De Skystream is de populairste Thuis Grid Tie Wind Turbine in het land, met veel verschillende locaties. Als Qualified hardware, de Skystream heeft een lange en bewezen track record. De meeste Utilities zijn bekend met Skystream Windturbines aansluiten op hun elektrische Dienst Grid. En, de meeste hulpprogramma's hebben een programma opgezet met Net-Metering bieden met behulp van de Skystream.

De "energie" is wat uw Wind Turbine export naar het raster in een bepaald tijdsbestek, meestal maandelijks. Een bepaalde windturbine zal anders "energie" productie hebben op verschillende hoogtes. Daarom zal uw toren keuze direct effect van uw windpark energieproductie, irregardless windturbine "power" ratings.

De Skystream 3.7 Wind Turbine:

Vanuit een Power oogpunt van de Skystream 3.7 heeft een vermogen van 2,1 kilowatt, bij een windsnelheid van 24,6 mph (11 m / s). Het nominale vermogen rating is 2.4 Kw (kilowatt) in een windsnelheid van 29 mph (13 m / s).

Vermogens echter niet vertellen hoeveel "energie" in (kWh) van uw windturbine zal produceren op locatie - een feitelijke operatie. Energie productie is afhankelijk van uw locatie (windaanbod), en de hoogte van je toren. Werkelijke productie van energie zal ook worden uitgevoerd door lokale obstakels. Selecteer uw Toren Site voor elevatie en vrij van alle gebouwen, bomen, etc.

Als voorbeeld, met een 70 meter hoge toren, in een Wind Zone (III) plaats, een Skystream zal gemiddeld 500 kWh energie per maand produceren. Als je een huiseigenaar met een maandelijkse energieverbruik van meer dan 500 kWh, de Skystream is geschikt voor de keuze van Wind Turbine.

Voor meer energie-output combineer meerdere Skystreams voor uw Windenergie systeem voor landbouwbedrijven, boerderijen, en commerciële voedingen. Als u het formaat Windenergie faciliteit voor Home Elektrisch check uw elektrische factuur voor uw totale maandelijkse kWh verbruik. Grootte uw windturbines, door energie, om net onder je Maandelijks kWh verbruik, voor de beste resultaten.

Skystream 3.7 Wind Turbine Uiterlijke kenmerken:

Gewicht van Skystream (zonder toren): £ 170 (77 Kg)
Diameter van Blades: 12 voet (3.72 m)
Temperatuur bij gebruik:-40F tot 122F (-40C tot 50C)
Tower Heights: 44 Feet 70 Feet

Windsnelheid Kenmerken:

Snijd in Windsnelheid: 6.7 mph (3 m / s)
Survival Snelheid: 140 mph (63 m / s)
Piekvermogen Windsnelheid: 25 mijl

Elektrische kenmerken:

Skystream 3.7 Windturbines kunnen worden
aangesloten op de Grid in verschillende formaten,
waaronder:

120/240 VAC, 60 Hz, 2-Phase (Split Enige Fase) en
120/208, 60 Hz, 3 Phase

Uw Electric Service Provider, (vraag uw Utility) zal
bepalen welke versie van de Skystream die u
gebruikt in uw project. Grid Interconnectie treedt
alleen op bij Utility goedkeuring.

De volgende Skystream Single Wind Turbine
systeem is gebaseerd op een Wind Zone III locatie,
en 70 meter hoge toren Hoogte.

De volgende Sample System is voor een (1)
Skystream 3.7 voor thuisgebruik.

**Voorbeeld A: Energieproductie 500 kWh per
maand**

Skystream 3.7 Wind Turbine System: 500 kWh per
maand Gemiddeld uitgang (zal variëren met de

individuele sites, wind zones, en toren hoogtes).
Nominaal vermogen 2.1 Kw.

Parts List:

Een (1) Skystream 3.7 Grid Tie opgeven 120/240 2-
Phase (Split fase), of 240/440 3 fasen. Een (1)
Monopole Toren Kit Kies 44 voet, of 70 Foot
Monopole Toren Hoogte Een (1) Stichting Scharnier
Plate Kit. Een (1) Stichting Installation Kit. Een (1)
Gin Pole Kit

Elektrische bedrading / Junction Box / Veiligheid
Disconnects / Fusing Site Specific. Site een
Skystream binnen 100 meter van uw huis Junction
Box voor de beste resultaten. Neem niet meer dan
400 meter van huis Junction Box. Zorg ervoor dat
uw Tower kan niet vallen rechtstreeks op een
gebouw in het geval van een katastrofisch
evenement.

De hoogte van uw toren, zal de Radius, van de basis,
die u wenst op uw site duidelijk te hebben.
Opmerking: uitzonderingen zijn afhankelijk van de
plaatselijke omstandigheden.

Aanbevolen door 70 meter hoge toren voor een
maximale energieproductie.

Hoofdstuk Vier: windparken op basis van de Skystream 3.7 Wind Turbine voor Home Elektrisch en Commercieel gebruik

In dit hoofdstuk zullen we kijken naar de combinatie van Skystreams uw eigen Wind Farm produceren. De sleutel is in de "elektrische" interconnectie. Bovendien, wanneer u uw windturbines te plaatsen, zijn er grenzen aan hoe strak je kunt "inpakken" uw windturbines voor een maximale energieproductie.

Idealiter, moet u een aantal gegevens over uw Wind sites windenergie profiel. Als uw Utility of State Energy Office onderzoeken heeft gedaan, kunnen zij een "Windroos" schema voor uw locatie, of ergens in de buurt hebben geproduceerd. Een "Windroos" diagram, geeft u een beeld van welke richting, en voor hoe lang, de wind waait over uw site. Het kennen van de heersende windrichting geeft u een idee hoe u uw turbines te oriënteren ten opzichte van elkaar.

Als de heersende wind, zegt een On-shore wind komt uit het Westen, bijvoorbeeld. Vervolgens oriënteren uw windturbines in een lijn van noord naar zuid.

Obstakels in de wind weg te produceren "schaduwen" van de wind turbulentie. In ons voorbeeld, als u West georiënteerd uw turbines naar Oost, dan is de wind "schaduw" zal de prestaties van de andere turbines te verlagen.

Terug Wash is de term voor de wind na het ontmoeten van een obstakel, wilt u dit effect te minimaliseren.

Idealiter zou windturbine samen worden gespreid niet dichter dan de hoogte van de toren. Idealiter wil je zo veel ruimte tussen de torens als uw site kan. Echter, is de trade-off gestegen kosten in interconnectie draad. Je nodig hebt om een paar scenario's te berekenen in uw wind Site Plan.

Systeem Voorbeeld B: Energieproductie 1000 kWh per Maand

Twee (2) Skystream 3.7 Windturbines Systeem: 1.000 kWh per maand Gemiddeld uitgang (zal variëren met de individuele sites, wind zones, en toren hoogtes). Nominaal vermogen 4.2 Kw.

Parts List:

Twee (2) Skystream 3.7 Grid Tie opgeven 120/240 2-Phase (Split fase), of 240/440 3 fasen.

Twee (2) Monopole Toren Kit Kies 44 voet, of 70 Foot Monopole Toren Hoogte

Twee (2) Stichting schamierplaten

Twee (2) Stichting Kits

Een (1) Gin Pole Kit

Elektrische bedrading / Junction Box / Veiligheid Disconnects / Fusing Site Specific.

Voorbeeld C: Energieproductie 1500 kWh per Maand

Drie (3) Skystream 3.7 Windturbines Systeem: 1.000 kWh per maand Gemiddeld uitgang (zal variëren met de individuele sites, wind zones, en toren hoogtes). Nominaal vermogen 6.3 Kw.

Parts List:

Drie (3) Skystream 3.7 Grid Tie opgeven 120/240 2-Phase (Split fase), of 240/440 3 fasen.

Drie (3) Monopole Toren Kit Kies 44 voet, of 70 Foot Monopole Toren Hoogte

Drie (3) Stichting schamierplaten

Drie (3) Stichting Kits

Een (1) Gin Pole Kit

Elektrische bedrading / Junction Box / Veiligheid Disconnects / Fusing Site Specific.

Voorbeeld D: Energieproductie 2000 kWh per Maand

Vier (4) Skystream 3.7 Windturbines Systeem: 1.000 kWh per maand Gemiddeld uitgang (zal variëren met de individuele sites, wind zones, en toren hoogtes). Nominaal vermogen 8.4 Kw.

Parts List:

Vier (4) Skystream 3.7 Grid Tie opgeven 120/240 2-Phase (Split fase), of 240/440 3 fasen.

Vier (4) Monopole Toren Kit Kies 44 voet, of 70 Foot Monopole Toren Hoogte

Vier (4) Stichting schamierplaten

Een (1) Gin Pole Kit

Elektrische bedrading / Junction Box / Veiligheid Disconnects / Fusing Site Specific. Voor residentiële interconnectie cheque met Electric Service Provider voor 200 Amp service.

Voorbeeld E: Energieproductie 2500 kWh per Maand

Vijf (5) Skystream 3.7 Windturbines Systeem: 3.000 kWh per maand Gemiddeld uitgang (zal variëren met de individuele sites, wind zones, en toren hoogtes). Nominaal vermogen 10.5 Kw.

Parts List:

Vier (5) Skystream 3.7 Grid Tie opgeven 120/240 2-Phase (Split fase), of 240/440 3 fasen.

Vier (5) Monopole Toren Kit Kies 44 voet, of 70 Foot Monopole Toren Hoogte

Vier (5) Stichting schamierplaten

Een (1) Gin Pole Kit

Elektrische bedrading / Junction Box / Veiligheid Disconnects / Fusing Site Specific. Zorg ervoor dat u de ruimte uw Windturbines zo ver als je kunt, maar toch dicht genoeg om je interconnectie transformator dus niet om extreme afstanden. Elke windturbine kan hebben verschillende uitgangen, op een gegeven moment. De constante stroomvoorziening protocollen, en controles, in evenwicht elk turbines output met de Netvermogen fase gedetecteerd, en bewaakt voortdurend door de macht controller.

Hoofdstuk Vijf - De 442SR Wind Turbine voor netaansluiting en verkoop van elektriciteit

In dit hoofdstuk zullen we kijken naar de Xzeres 442SR windturbine een vermogen van 10.000 watt. De X-442 is een robuuste windturbine ontworpen om een werk-paard. Recente innovaties in-conditionering bieden een uitstekende respons (elektriciteitsproductie) over een breed scala aan windsnelheden. Grote reeksen van antwoord geven je een grotere productie van energie dat is de "gouden" van wind oogsten.

Interne "power control circuits" geven de X-442 een low cut-in snelheid, waardoor de turbine in productie is weinig wind. De sweet spot voor de X-442 begint in windsnelheden van meer dan 14 mph. Zoals vermogensdichtheid toeneemt, exponentieel, met toenemende windsnelheid, de X-442 krukken in het midden windsnelheden, van 14-mph nominale windsnelheden (28 mph).

De 442 is een grote windturbine, weegt 2300 £ die bovenop uw Tower. Uw Tower moet robuust zijn, en ontworpen voor een goede ratings. De fabrikant heeft op deze voorschriften, en heeft pre-engineered, en PE gestempeld plannen klaar voor uw gebruik.

Het produceren van 10.000 watt aan vermogen, op de piek, de 442 heeft een indrukwekkend vermogen bij bijna 5 watt per pond.

Uw 10.000 Watt Wind Turbine moet op een toren gemonteerd. Uw keuzes zijn Lattice type, en Monopole Type. Uw Foundation komt in twee types: Mat en Pedestal type.

Uw windturbine power systeem omvat de 442 Wind Turbine (Aanbod) Montage, Tower en Foundation, Interconnectie Bedrading, Main Power Panel, of Junction Boxes als opgegeven door uw plaatselijke NEC-code.

De 442S monteren op Towers van 44 meter tot 120 meter hoog. Assemblage van Tower en Masthead Windturbine, gebeurt meestal op de grond. Kraan nodig als niet tillen door Gin Pole, en Ground Mounted Winch.

Xzeres 442SR Wind Turbine Uiterlijke kenmerken:

Gewicht: 442SR Wind Turbine (zonder toren): £ 2.300 (1043 Kg)
Diameter van Blades: 23,6 voet (7,2 m2)
Blade Swept Gebied: 442 vierkante meter (41 m2)
Temperatuur bij gebruik: -40 F tot 122F (-40 ° C tot 50 ° C.)

Windsnelheid Kenmerken:

Gesneden in Wind: 5 mph (2.2 m / s)
Survival Snelheid: 140 mph (63 m / s) windvlaag

Elektrische kenmerken:

De 442SR windturbine kan worden aangesloten op de Grid in verschillende formaten, waaronder:

240 VAC, 60 Hz, 2-Phase (Split Enige Fase) en 240/440, 60 Hz, 3 Phase

Uw Electric Service Provider, (vraag uw Utility) zal bepalen welke versie van de 442SR die u gebruikt in uw project. Grid Interconnectie treedt alleen op bij Utility goedkeuring.

Wind Farm Toepassingen met behulp van de 442SR Wind Turbine:

De 442SR windturbine produceert ongeveer 2.500 kWh elektriciteit per maand (Wind Zone III, op 120 meter) als gemiddelde cijfer. Als uw Electric Bill voor uw huis, kantoor, boerderij, of commerciële faciliteit toont een verbruik over 2500 kWhs van energie, kan de 442SR een geweldige oplossing.

Controleer uw elektrische factuur, of uw faciliteiten Maandelijks energieverbruik in kWh per maand om de grootte van uw Wind Farm.

De 442SR kunnen worden gekoppeld aan het net, via uw elektrische bedrijf (Electric Service Provider). Het aantal 442SRs kunt u op uw locatie alleen beperkt door uw elektrische Dienst Hardware beschikbaar op uw locatie voor Grid Connection installeren.

Commerciële lasten zijn vaak 3 fase, en hebben die dienst doos beschikbaar, ter plaatse. De 442SR is ontworpen om te communiceren met uw bestaande elektrische dienst. Gekwalificeerde installateurs, kan tikken in uw bestaande Utility Dienst onderling verbonden via uw Sub-station, of

Elektrotechniek Services Feed. De 442SR Wind Turbines zijn, in essentie, een plan, kopen, te bereiden, te installeren, commissie, en Plug-N-Play.

Gebruikt in afgelegen landelijke instellingen, kunnen kleine windparken worden gebouwd met behulp van de 442SR Wind Turbine. Met behulp van hetzelfde model van windturbine, over uw installatie, houdt onderhoudsschema (MSP) beheersbaar, en vervangende onderdelen gestandaardiseerd.

Grootste Wire size # 8 AWG (10 mm2) voor de 442SR Wind Turbine 240 VAC. Gebruik 10 Amp Circuit Breakers in uw stroomonderbreker.

Voor elektrische ladingen, of Energieproductie meer dan 2.500 kWh per maand, de 442SR Wind Turbine is de meest betrouwbare en goed ondersteund Wind Turbine in zijn klasse. Gebruik de 442SR voor Amerikaanse en Europese hoogspanningsnet stropdas energieproductie.

Voorbeeld F: Energieproductie 2500 kWh per Maand

Een (1) 442SR Wind Turbine voor 2500 kWh per maand Gemiddeld Elektriciteitsproductie uitgang (zal variëren met de individuele sites, wind zones, en toren hoogtes).

Nominaal vermogen 10 Kw.

Parts List:

Een (1) 442SR Wind Turbine opgeven 240 2-Phase (Split fase), of 240/440 3 fasen.

Een (1) Lattice, of Monopole Toren van of 70-120 Voet Tower Hoogte

Een (1) Stichting Kit

Een (1) montageplaat Kit

Elektrische bedrading / Junction Box / Veiligheid Disconnects / Fusing Site Specific. Best tot 120 meter hoge toren te gebruiken voor een maximale energieproductie. Lattice Tower biedt de beste economische prestaties.

Voorbeeld G: Energieproductie 5000 kWh per Maand

Twee (2) 442SR Wind Turbine, 120 meter hoge toren Hoogte voor 5000 kWh per maand Gemiddeld uitgang (zal variëren met de individuele sites, wind zones, en toren hoogtes). Nominaal vermogen 20 Kw.

Parts List:

Twee (2) 442SR Wind Turbine opgeven 240 2-Phase (Split fase), of 240/440 3 fasen.

Twee (2) Lattice, of Monopole Toren van of 70-120 Voet Tower Hoogte

Twee (2) Stichting Kits

Twee (2) montageplaat Kits

Elektrische bedrading / Junction Box / Veiligheid Disconnects / Fusing Site Specific.

Voorbeeld H: Energieproductie 7500 kWh per Maand

Drie (3) 442SR Wind Turbines voor 7500 kWh per maand Gemiddeld Elektriciteit uitgang (zal variëren met de individuele sites, wind zones, en toren hoogtes). Nominaal vermogen 30 Kw.

Parts List:

Drie (3) 442SR Wind Turbine opgeven 240 2-Phase (Split fase), of 240/440 3 fasen.

Drie (3) Lattice, of Monopole Toren van of 70-120 Voet Tower Hoogte

Drie (3) Stichting Kits

Drie (3) montageplaat Kits

Elektrische bedrading / Junction Box / Veiligheid Disconnects / Fusing Site Specific.

Voorbeeld I: Energieproductie 10.000 kWh per maand

Vier (4) 442SR Wind Turbine voor 10.000 kWh per maand Gemiddeld uitgang (zal variëren met de individuele sites, wind zones, en toren hoogtes). Nominaal vermogen 40 Kw.

Parts List:

Vier (4) 442SR Wind Turbine opgeven 240 2-Phase (Split fase), of 240/440 3 fasen.

Vier (4) Lattice, of Monopole Toren van of 70-120 Voet Tower Hoogte

Vier (4) Stichting Kits

Vier (4) montageplaat Kits

Elektrische bedrading / Junction Box / Veiligheid Disconnects / Fusing Site Specific.

Voorbeeld J: Energieproductie 20.000 kWh per maand

Acht (8) 442SR Wind Turbine voor 20.000 kWh per maand Gemiddeld uitgang (zal variëren met de individuele sites, wind zones, en toren hoogtes). Nominaal vermogen 80 Kw.

Parts List:

Acht (8) 442SR Wind Turbine opgeven 240 2-Phase (Split fase), of 240/440 3 fasen.

Acht (8) Lattice, of Monopole Toren van of 70-120 Voet Tower Hoogte

Acht (8) Stichting Kits

Acht (8) montageplaat Kits

Elektrische bedrading / Junction Box / Veiligheid Disconnects / Fusing Site Specific.

Hoofdstuk Zes - Het Installeren, en in Gebruik Nemen van uw Wind Farm Energy Facility

Windturbines worden meestal geïnstalleerd op externe locaties. Echter, naarmate meer huiseigenaren en kleine ondernemers, het gezicht toe en onzekere kosten van elektriciteit, meer wenden zich tot het oogsten en verkopen van Wind Power.

Voor de installatie van uw windturbine, is natuurlijk de planningsfase. Wind is geschikt voor uw site? Het korte antwoord: als uw site is "winderige" dan moet je je eerst Groen Licht.

In dit Book zoekt we bij de Skystream 3.7 windturbine (2,1 Kw), en de 442SR windturbine (10 Kw).

Het installeren van uw windturbine, of windturbines begint met het kiezen van uw site. In voorgaande hoofdstukken hebben we gekeken naar de selectie van locaties, en toegang tot de site voor de pick-up trucks, of kranen, zoals vereist. Tilt-up torens niet Kranen vereisen.

Onderzoek uw bodemtype ter plaatse, is het rotsachtige grond, of kleiachtige. Op basis van deze informatie zal de fabrikant tekeningen die u kunt gebruiken om uw eigen pad Giet, of hebben een aannemer doen verstrekken.

De planning van uw Wind Facility wordt u de ontwikkeling van uw site Plan. Deze beschrijving Wind Project omvat Wind Resource gegevens, Site Selection, Site Access, bodemtype, Tower Foundation, Wind toren zelf, Windturbine Vergadering, Installatie Plan, en elektrische interconnectie details.

Bouwrijp maken en Stichtingen:

Stichtingen zijn ontworpen op basis van de grootte van de Wind Turbine, de hoogte van de toren, en de site's Soil-Type. Torens zijn ontworpen voor de Lateral Duwen, en andere "belastingen" doorstaan door de structuur bij normaal gebruik, en extreme stormen. Uw site voorbereiding zal worden bepaald door uw lokale omstandigheden ter plaatse, en uw bodemtype, zoals gedefinieerd door ANS/TIA-222G normen, voor uw funderingstechniek.

Gelukkig heeft uw fabrikant van windturbines (Tower Manufacturer) dit gedaan voor verschillende bodemtypen, en tekeningen die PE gestempeld bieden, en klaar voor gebruik.

Structurele Backfill materiaal moet worden verdicht in 10 "losse liften, binnen 98% van de maximale droge dichtheid van uw bodem. Afhankelijk van of je toren Foundation zal Mat Type of Voetstuk Type bepaalt de hoeveelheid materiaal die je moet voorbereiden. Mattype funderingen vereisen meer concreet, maar neem minder arbeid.

Gebruik een Mat van het type fundering als uw site in een mild klimaat.

Als uw site is in een extreme locatie, zoals hoge hoogte, extreme temperaturen, of Monsoons, gebruik dan een soort Pedestal stichting. Het voetstuk is arbeidsintensiever, maar gebruikt minder concreet. Het type Pedestal heeft meer concrete "begraven" dan aan het oppervlak zichtbaar is. Deze ondergrondse "piramide"-vorm is zeer goed gebaseerd. Als je het gieten van uw eigen stichting, zie Owners Manual voor aanvullende specificaties op Rebar en aggregaat nodig.

Als uw windturbine is op enige afstand van uw elektrische Interconnect, een veel voorkomende geval is, dan loopgraaf de grond voor uw kabels te beschermen, en te isoleren hen. Graven, zal een bepaalde locatie, maar zal worden opgenomen in uw site Voorbereiding.

Bereid Aarding voor uw Windturbines (aarding staven enz.) Specifieke aarding specificaties, als je jezelf de installatie van de windturbine, zijn opgenomen in het installatieprogramma's Manual, afhankelijk van de toren die u gebruikt. Algemene referentie voor aarding zie paragraaf 250 National Electric Code NEC ANSI / NFPA 70. NEC (USA), en IEC 60364-5-54.

Bouwrijp maken en Stichting gieten zal een vlakke, stabiele waardering aan uw montageplaten waarop uw Tower Base zal mounten bieden. Lattice Towers zal Schroef aan de montageplaat. Tilt-up Wind Towers met een scharnier Plate naar "Tilt up" uw toren met een lier.

Opmerking: Verwijder los materiaal van de bodem van uw opgraving voor uw stichting voor het storten van beton.

Toren Montage:

Zorg ervoor dat uw site biedt ruimte om je toren voor de montage lay-out op de grond met de onderkant van de toren bij de Basis.

Torens van de wind, hetzij Monopole, of Lattice type, komen in delen die ter plaatse moeten worden gemonteerd.

Stel uw Toren te beginnen met de bovenste delen van de toren, en werk je weg naar de bodem.

Vervolgens monteren uw Windturbine Vergadering (windturbine), in de buurt van de top van de toren omdat je alles assembleert voor uw lift, en bevestig (Bolt) de Vergadering aan de "Top" van de toren - terwijl het nog op de grond.

Sluit de draden aan op de Wind Turbine Vergadering (los om iets aan de andere kant, en afgeplakt), en "string" uw kabels door de toren (indien Lattice) of door de toren, als Monopole naar de Output Junction Box gelegen aan de toren basis.

Je twee keuzes van "Hoe" op te heffen, of rechtop je toren, na montage op de grond, is een Crane, voor directe lift, of Tilt-Up die Ground is gebaseerd Lieren, met een Gin pole voor leverage.

In alle gevallen zult u uw toren te bouwen, en sluit uw windturbine terwijl op de grond.

Opmerking: Wanneer u uw Blades aansluiten op uw Wind Turbine (laatste stap), kunt u de toren te tillen aan de ene kant tot 6 meter, of zo, dus als je Sluit uw Turbine Blades om de neus Hub, hebben ze geen contact met de grond.

Elektrische Interconnectie:

De Output Junction doos is aan de onderkant van je toren. Nadat u Til je Tower, zult u uw Output Junction Box interconnectie met bedrading die zal leiden tot uw Electric Service Provider Transformer, of andere dienst Panels. (Utility zal geschieden).

Sommige lokale elektrische codes vereisen een Safety Disconnect Box, zal de fabrikant u vertellen welke, en / of Junction Box Fusing. Installeer Verbreekt tussen de Wind Turbine, en uw elektrische draad verbinding met uw Electric Utility.

Vergunnings-en inbedrijfstelling:

Windturbines gebruikt in grote windparken worden geconfronteerd met een veelheid aan problemen toelaat (Regulatory Affairs). Formeel, waardoor zich op de lokale, nationale en federale niveau, als je gebruik maakt Federal landt.

Kleinere windturbines, zoals die zijn opgenomen in dit boek, hebben een eenvoudiger proces omdat veel Utilities nu ervaren met Kleine Wind Farm faciliteiten. Korting programma's zijn gemaakt om uw Wind Energy Facility versnellen bij het verbinden met een raster.

Onder de meeste Utility Net Metering projecteert uw site zal worden geïnspecteerd kort nadat u uw site Plan indienen bij het nut en / of staat regelgevende instantie. Na, het goedkeuringsproces, uw site zal worden toegelaten voor uw installatie. Zodra uw windturbines worden geïnstalleerd, en met elkaar verbonden, dan is een inspectie ter plaatse zal worden gepland om uw Wind faciliteit bevestigen.

Bij deze inspectie uw Wind Turbine faciliteit is officieel 'in gebruik genomen. "Nu, u in aanmerking voor alle van toepassing zijnde kortingen, belastingvoordelen, subsidies en Incentives gepromoot in uw land bent. Anders dan federale programma's, State programma variëren sterk.

Uw Utility zal de informatie die u nodig hebt om te gaan door het vergunningsproces, ten opzichte van de lokale codes, die u moet volgen. Om te beginnen, de voorbereiding van uw site Plan, en uw Impact Study.

Hoofdstuk Zeven - Kortingen, Belastingkredieten, Subsidies, en Financiële Prikkels voor uw Wind Farm

Windturbines genieten van een hoeveelheid van de publieke steun die kan kortingen toe maar liefst 85% van de geïnstalleerde kosten, afhankelijk van uw sites kwalificaties.

Uw Windpark zullen produceren Koolstofvrije elektriciteit besparing £ 2,2 van kooldioxide per kWh energie. Bijvoorbeeld, een productie van een Skystream Wind Turbine, het produceren van 500 kWh schone energie per maand verdringt meer dan 1/2 ton kooldioxide, per maand, wordt uitgespuwd in het milieu.

Vanwege deze maatschappelijke waarde, is er een opkomst in de laatste decennia van een Carbon Market, en andere financiële mechanismen om geld te verdienen en te belonen Wind Power-technologie - in het gebruik ervan.

Afhankelijk van uw Utility en het reglement van uw land, en met voorrang Federaal, wordt de "waarde" van koolstof-vrije energie varieert van 1/2 cent naar 2,2 cent per kWh elektriciteit. Het grote voordeel van deze opkomende markten Carbon kun je te "verkopen" Al uw projecten Carbon credits in een deal. Het zet de prijs die je betaald hebt, maar "hefboomwerking" of "verkopen" van uw 20 jaar ter waarde van carbon credits is een andere waarde die u kunt tikken.

Grote windparken verkopen hun carbon belastingkredieten of Production Tax Credits (PTC) in een keer, en dat de kapitaalvereisten van toepassing zijn op de initiële investeringskosten.

De Skystream 3.7 en 442SR windturbines, zijn vooraf gekwalificeerd voor belastingvermindering, kortingen, subsidies, en andere prikkels.

Federaal, Clean Energy projecten, zoals uw Wind Farm in aanmerking voor een 35% Tax Credit, op het moment van dit schrijven. Dit is een Tax-Credit, dus je moet een belastingverplichting hebben, toe te passen op, echter, zal de IRS u toelaten om het toe te passen over meerdere jaren. Neem contact op met uw CPA voor de exacte tijd.

Het Amerikaanse ministerie van Landbouw heeft Plattelandsontwikkeling Subsidies voor Wind Projects. Kwalificatie Faciliteiten (QF) zijn aangewezen Rural Zones. Klik op deze link voor meer informatie. USDA geeft tot 25% van de geïnstalleerde kosten.

Al deze subsidies, kortingen, en programma's gelden pas nadat u hebt geïnstalleerd, en in opdracht van uw windturbine. Daarom kunnen deze fondsen "terugbetaald" om u na uw Wind Farm is en operationeel. Echter, het tijdsbestek is niet al te onredelijk, meestal binnen 6 maanden tot een jaar na de operationele status afhankelijk van het programma.

Weinig investeringen kapitaal, op de openbare markt, bestaan die zo sterk is als Wind Farms voor het bouwen van een "back-end" van de steun ter compensatie van dure apparatuur op de front-end zijn. Publieke financiële steun voor uw Wind Farm gerechtvaardigd is, en je kunt maken van deze financiering als u profiteren van de wind.

Als gekwalificeerde apparatuur, en met meer ervaring door de Utilities, Windturbines, waaronder Skystream en 442SR, zijn ideaal voor residentiële, commerciële en Remote Site macht productie voor de export naar het elektriciteitsnet.

Hoofdstuk Acht - Wind Farm Kansen

Windparken zijn energiecentrales. Windparken zijn echter verschillend operationeel van energiecentrales die brandstof verbranden, zoals kolen, olie en aardgas, met regelmatige output. Windturbines produceren variabele energie. Gelukkig is de huidige Vermogensstabilisatie geavanceerde apparatuur in de "bijpassende" de elektrische productie van uw windturbine met het rooster.

Over een breed scala van windcondities uw NETGEKOPPELD Wind Facility, van een of meerdere windturbines, energie kan produceren "in de tijd" van waaruit je betaald.

Voeg financiële "prikkels" en je ziet waarom Wind Farms de snelst groeiende Power Plant segment wereldwijd zijn geweest. Vanuit een zakelijk standpunt, Wind Farms hebben sterke winstpotentieel. Proper turbine selectie, plaatsing, installatie en gepland onderhoud maakt windturbines rendabel in vele markten.

De grootste financiële voordeel? Geen brandstof kosten, en "back-end" inkomsten uit milieu-offsets. Schone energie heeft waarde, en windturbines leveren sterke voordelen, vooral op afgelegen locaties, waar brandstoffen zijn duur om te leveren.

Wind Farms kan worden gebruikt als voeding voor woningen, bedrijven en externe locaties verkopen macht terug aan het nut tegen uw factuur. Water pompen, en Remote macht Communicatie levert vaak gebruik van windturbines, omdat ze werken met een minimum aan onderhoud. Dit Book is gericht op Grid Tied windenergie systemen voor netgekoppelde energieproductie.

Windenergie is zeer succesvol over de hele wereld omdat windturbine technologie is volwassen geworden. Na decennia van praktijkervaring, investeerders, die horror verhalen uit de jaren '70, herstellen in de jaren '80, en begon te bloeien in de jaren '90. In dit decennium, windturbine fabrikant bieden een betrouwbare en mechanisch ondersteunde bereik van windturbines waarvan de kwaliteit te waarborgen.

Financieel, de twee mogelijkheden voor de verkoop van elektriciteit aan Utilities is zowel via Net-Metering, of Power Purchase Agreements (PPA).

Om te kwalificeren voor Net Metering je nodig hebt om te worden aangesloten op een Utility (Electric Service Provider) die salderen ondersteunt. Ten tweede, moet u de grootte van uw installatie energie productie bevindt zich onder uw gemiddelde maandelijkse energieverbruik.

Power Purchase Agreements zijn volledig verschillend, en niet afhankelijk zijn van uw huidige verbruik, op een bepaalde locatie. Nutsbedrijven, in de afgelopen decennia, hebben hun eigendom van Power Plant faciliteiten afgestoten, en kiezen nu om de productie uit te besteden. Dit is uw kans voor Wind Wind Farm ontwikkeling.

Het contract tussen de Independent Power Producer (IPP), en de Utility is de Power Purchase Agreement (PPA). Er is geen limiet aan de grootte of hoeveelheid kilowattuur (kWh) die u produceert op uw locatie. De markt wordt gedreven door de "vraag" van een bepaald programma.

Alaska, bijvoorbeeld, heeft een enorm potentieel aan windkracht, omdat afgelegen dorpen zijn vrijwel uitsluitend gevoed met diesel generatoren. Duur, en milieugevaarlijke, transporteren Diesel door ongerepte gebieden om afgelegen dorpen is problematisch.

Kansen Wind Farm variëren van Huiseigenaren gebruik Net Metering, bij Independent Power Producers levering van elektriciteit aan Utilities.

Afgelegen locatie elektrificatie, of huishoudelijk bieden de enorme mogelijkheden voor toepassingen in windturbines voor de productie van elektriciteit aan Utilities groot en klein om te verkopen.

Hoofdstuk Negen: Quick-Guide to Wind Farm System Voorbeelden van 500 tot 20.000 kWh per maand

Hieronder vind je de Wind Energy Systems, officieel genaamd Wind Energy Conversion Systems (WECS), zijn bekend in de volksmond als "Wind Farms." Het volgende voorbeeld systemen, hieronder, onderverdeeld per maand Energie Productie:

Voorbeeld A: Skystream 500 kWh energie per maand

Voorbeeld B: Skystream 1.000 kWh energie per maand

Voorbeeld C: Skystream 1.500 kWh energie per maand

Voorbeeld D: Skystream 2.000 kWh energie per maand

Voorbeeld E: Skystream 2.500 kWh energie per maand

Voorbeeld F: Xzeres 442SR 2.500 kWh energie per maand

Voorbeeld G: Xzeres 442SR 5.000 kWh energie per maand

Voorbeeld H: Xzeres 442SR 7.500 kWh energie per maand

Voorbeeld I: Xzeres 442SR 10.000 kWh energie per maand

Voorbeeld J: Xzeres 442SR 20.000 kWh energie per maand

Opmerking: Vaak kortingsprogramma's definiëren een windturbine per Nominaal vermogen om kortingen te berekenen.

Gebruik de volgende lijst te vinden van de Power Rating u zoekt in Wind Turbine Energy Systems.

Wind Energy Systems door Lijst per Nominaal vermogen:

Systeem A: 2.1 Kilowatt, (2100 watt)

Systeem B: 4.2 Kilowatt, (4200 watt)

Systeem C: 6,3 Kilowatt, (6300 watt)

Systeem D: 8.4 Kilowatt, (8400 watt)

Systeem E: 10.5 Kilowatt, (10.500 watt)

System F: 10 Kilowatt, (10.000 watt)

Systeem G: 20 Kilowatt, (20.000 watt)

Systeem H: 30 Kilowatt, (30.000 watt)

Systeem I: 40 Kilowatt, (40.000 watt)

Systeem J: 80 Kilowatt, (80.000 watt)

Zetten de windenergie waait over uw woning in cash. Windturbines bieden unieke kansen in de productie van schone energie, met sterke prestaties in het veld, en de sterke economische prestaties op de balans.

Wind Zone Beschrijvingen windsnelheden en de vermogensdichtheid.

Gebruik te maken van uw kapitaal kosten met openbare prikkels kan uw systeem verlagen, maar liefst 85% als uw Wind project is een Qualifying Facility (QF) ten opzichte van de programma's beschikbaar. Om (QF) met uw project hangt af van uw site specifieke situatie, en, je hebt Utility, Lokale, nationale en federale prikkels je kunt aanboren om uw kosten drastisch te verlagen.

Voordat u uw Wind Farm project te beginnen, contact op met uw Utility, en je staat Energie kantoor voor de roadmap die ze hebben voorbereid voor elektriciteitsverbruikers, te Elektriciteitsproducenten worden.

Voor meer informatie over windturbines, windparken, en andere schone energie's, bezoekt **Solardyne.com** op het wereldwijde web.

Geniet van uw Wind Farm Bouw!